图书在版编目（CIP）数据

住在工作坊 /（英）加里·贝利著;（英）莫雷诺·
基亚基耶拉,（英）米歇尔·托德,（英）乔埃·戴依德米
绘;周鑫译. -- 北京:中信出版社,2021.1
（小小建筑师）
书名原文:Working Homes
ISBN 978-7-5217-2382-3

Ⅰ.①住… Ⅱ.①加…②莫…③米…④乔…⑤周
…Ⅲ.①建筑-世界-少儿读物 Ⅳ.① TU-49

中国版本图书馆 CIP 数据核字 (2020) 第 210523 号

Working Homes
Written by Gerry Bailey Illustrated by Moreno Chiacchiera, Michelle Todd and Joelle
Dreidemy
Copyright © 2013 BrambleKids
Simplified Chinese translation copyright © 2021 by CITIC Press Corporation

ALL RIGHTS RESERVED

本书仅限中国大陆地区发行销售

住在工作坊
（小小建筑师）

著　者：[英]加里·贝利
绘　者：[英]莫雷诺·基亚基耶拉 [英]米歇尔·托德 [英]乔埃·戴依德米
译　者：周鑫
出版发行：中信出版集团股份有限公司
　　　　　（北京市朝阳区惠新东街甲4号富盛大厦2座　邮编　100029）
承 印 者：北京尚唐印刷包装有限公司

开　本：787mm×1092mm　1/12　　印　张：3　　字　数：40千字
版　次：2021年1月第1版　　　　　印　次：2021年1月第1次印刷
京权图字：01-2020-6480
书　号：ISBN 978-7-5217-2382-3
定　价：20.00元

住在工作坊

[英]加里·贝利　　著

[英]莫雷诺·基亚基耶拉
[英]米歇尔·托德　　　　绘
[英]乔埃·戴依德米

周鑫　　译

中信出版集团｜北京

目　录

在家工作怎么样

你是否想过在同一个地方生活和工作呢？很多人每天都要出门去上班，但在风车磨坊里，你只需要爬几步楼梯，就可以工作了。如果你生活和工作在一座灯塔里，那你可能就得多爬点楼梯了。

还有许多其他的工作也可以在家里完成。过去，铁匠们常常在一楼干活，在二楼睡觉。其他的如敲钟人，则住在楼下，工作时爬到上面的钟楼里。

让我们一起来看看这些既可以居住，又可以用来工作的房屋吧！

这是一座塔式风车磨坊，磨坊主一家人就住在里面

住在风车磨坊里

风车转呀转，它们到底有什么用呢？又是谁在风车里面生活、工作呢？

照片所示的这种风车，其实是一座大磨坊。当风吹来的时候，风车就会转动起来，带动风车磨坊里的磨盘轰隆隆地运转。因此，为了方便随时照看风车，磨坊主或磨坊工人们常常就会居住在风车磨坊里。

这种利用风力将小麦磨成面粉的风车磨坊，曾经遍布世界各地。它们经常被建在平坦开阔、风能充足的乡村地区。

后来，人们发明了蒸汽机和内燃机，风车磨坊就逐渐被淘汰了。当然，还有一些老式的风车磨坊仍然在继续工作，那些磨坊主们也依旧居住在里面。

风车磨坊里有什么

磨坊主把需要磨成面粉的小麦存放在粮仓里。

一袋袋谷物通过升降机运到磨盘上。

粗粗的轮轴将风车叶片和齿轮组连接在一起。

风车叶片转动时，齿轮也随之转动，带动下方的传动轴。

传动轴推动磨石转动。

磨盘将小麦磨成面粉。

面粉落入漏斗中，被收集起来，装袋送到面包店。

制动器可以让风车叶片停止转动。

风车磨坊的一楼是磨坊主一家的起居室。

二楼是他们的卧室。

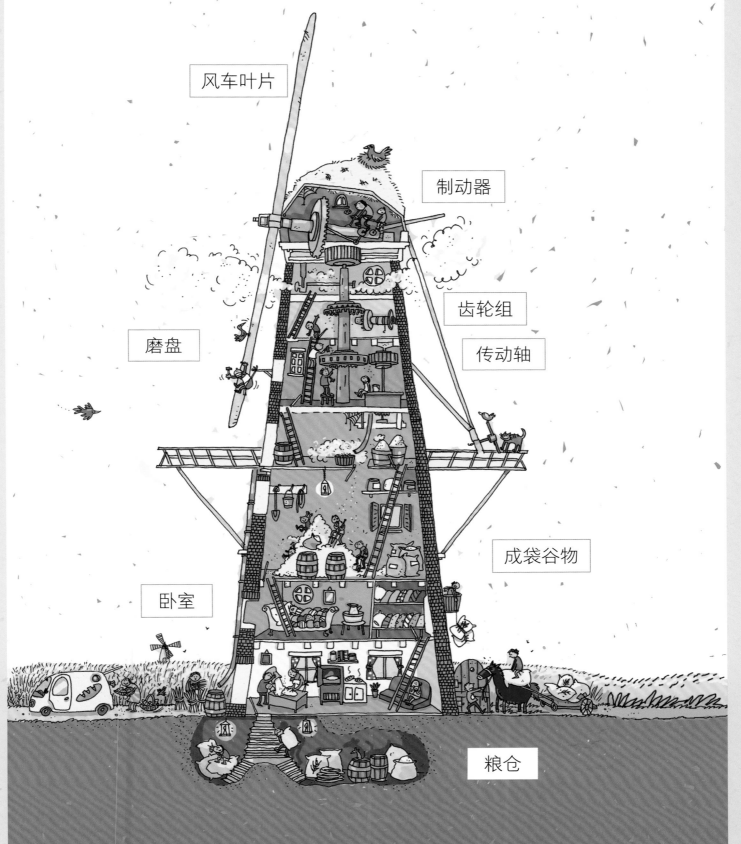

风车叶片

制动器

齿轮组

传动轴

磨盘

成袋谷物

卧室

粮仓

风车叶片

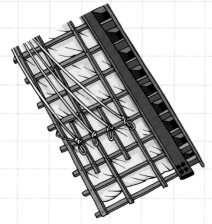

风车叶片只有在迎风时才会转动。因此有些风车经过专门的设计，可以整体转向风吹来的方向，另一些风车则只要调整风车叶片的角度就可以了。

磨坊上的风车一般有四扇叶片，撑开的帆布被固定在叶片那巨大的方形框架上。帆布上有绳子，在风车不工作或风力太大时，人们可以用绳子将帆布卷起来。

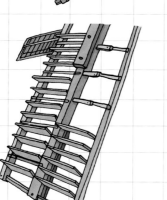

有的风车叶片上装有板条，可以像百叶窗一样打开或闭合。

滑轮组

风车磨坊的滑轮组非常简易，由滑轮和绳子组成，可以用来升降重物。滑轮越多，绳子越长，就越省力。在风车磨坊中，滑轮组一般用来将一袋袋沉重的小麦运送到磨石上。

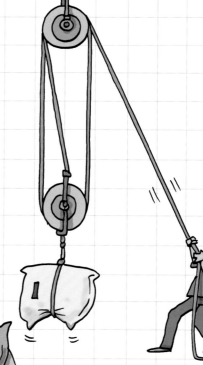

人们用升降机或滑轮组将成袋的谷物运送到磨坊的工作间里。

谷物被倒入传输槽中，传输槽以稳定的速度将谷物送到磨盘上。在这个过程中，传输槽还会轻轻抖动，让谷物均匀散开，以防堆积。

在碾磨过程中，一块磨石转动，而另一块保持不动。谷物就被碾碎在磨盘上的磨槽里。

小麦成熟时，麦粒逐渐变明显，颗粒饱满

收获后，进行脱粒

麦粒经过碾磨加工变成面粉

住在潜艇里

有的人住在海面上，还有的人"住"在海浪下面。潜艇艇员长期生活在潜艇里，而潜艇经常好几个月都不浮出水面，有些潜艇甚至要在北极地区的冰面下航行。

想象一下，在一个面积大约只有一个足球场大，高度大约10米的地方，为一百个人规划居住空间——不仅要设计出卧室、厨房和储藏室，还要在周围安放鱼雷发射舱、反应堆舱、主机舱……

潜望镜

艇长室

休息室

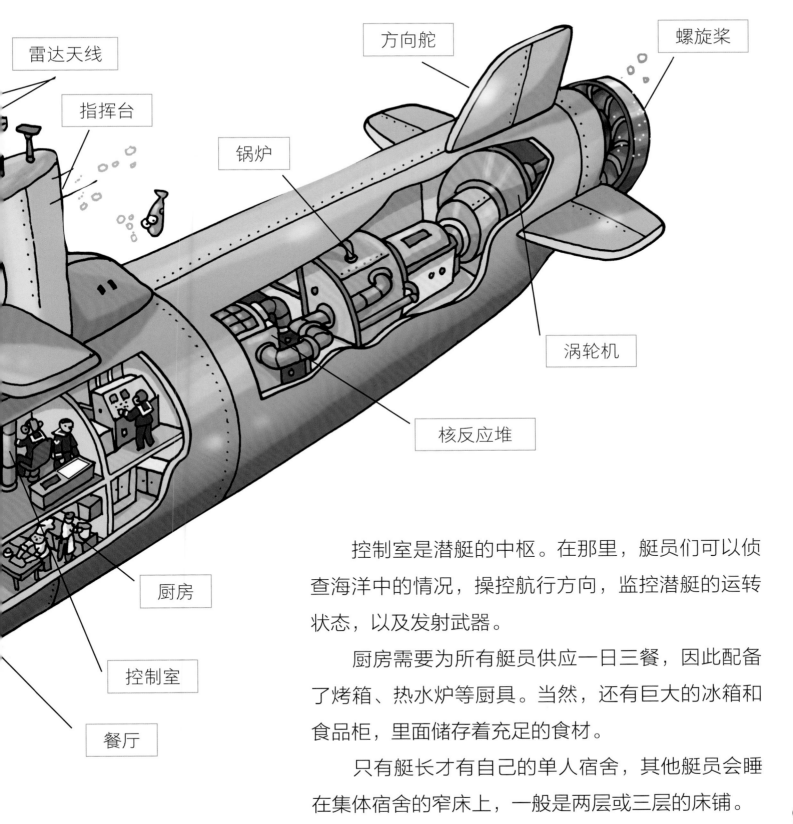

雷达天线

指挥台

方向舵

螺旋桨

锅炉

涡轮机

核反应堆

厨房

控制室

餐厅

控制室是潜艇的中枢。在那里，艇员们可以侦查海洋中的情况，操控航行方向，监控潜艇的运转状态，以及发射武器。

厨房需要为所有艇员供应一日三餐，因此配备了烤箱、热水炉等厨具。当然，还有巨大的冰箱和食品柜，里面储存着充足的食材。

只有艇长才有自己的单人宿舍，其他艇员会睡在集体宿舍的窄床上，一般是两层或三层的床铺。

9

住在灯塔里

　　灯塔，是一种建造在海岸、港口或河道的高塔建筑。灯塔顶部有发光设备，能以灯光为信号，为过往的船只指引方向，还能指示危险区域。

灯塔是通过灯光信号来向船员们"喊话"的。不同灯塔的灯光有不同的明暗、色彩、闪烁频率和闪烁时长。船员们都很熟悉这些信号。

过去，灯塔看守需要住在灯塔里面，负责发送灯塔信号和保养灯塔中的设备，生活得很孤独。有些灯塔建在小岛上，这样，灯塔看守就不得不长时间驻守在那里。如果遇上恶劣天气，他们甚至没法补给食物。

如今，大多数灯塔都是自动工作的，灯塔看守只需要定期到灯塔做检查就可以了。

灯

卧室

客厅

厨房和餐厅

入口

燃料库

灯塔的发光设备

灯塔的发光设备必须放置在足够高的位置，这样船只才能在驶进危险区域之前看到它发出的信号。

到达灯塔顶层需要爬好几层楼梯。过去，灯塔一般用油做燃料，所以每天晚上灯塔看守都必须爬上去点灯。灯的四周安装有玻璃透镜，能放大光束，并且让光束集中地指向同一个方向。

如今，现代的灯塔通常使用频闪灯。频闪灯的光束非常强劲，还会自动闪烁，向船只发出信号。

在船上，你看到的不是持续稳定的光线，而是明暗交替不停闪烁着的光线。每座灯塔都可以有不同的光线闪烁模式。例如，一座灯塔可能先亮两秒，再亮七秒，周而复始。

发光设备四周和上方环绕着复杂的棱镜和透镜

灯塔守望者的女儿

    那是1938年9月的一个晚上，整整一夜，格蕾丝·达林都站在长石灯塔的窗前，凝视着猛烈的暴风雨。她与父亲一起住在这座灯塔里，她的父亲是一名灯塔看守。

    凌晨时分，格蕾丝看到在海岸附近，模模糊糊地出现了一艘船的轮廓。令她惊骇的是，这艘船在风浪中触礁了，撞成了两半。她赶紧跑去告诉父亲，催促父亲驾船出海救人。

格蕾丝的父亲有些犹豫，此时海面上的风浪太大，而他们只有一艘小船，贸然出海无疑是危险重重。但他最终还是被格蕾丝说服了，父女俩划着小船驶进了风浪中。在船只触礁沉没的地方，他们成功地把五个人拉上了小船。格蕾丝在灯塔里照顾女性获救者，她的父亲又与男性获救者一起，回到海上，寻找其他幸存者。

　　直到今天，格蕾丝的英雄事迹还在被人们传颂。

住在店铺里

　　磨坊主一家需要住在风车磨坊里，潜艇艇员需要住在潜艇里，灯塔看守需要住在灯塔里，这是因为他们的工作很特殊，需要他们长期值守才行。还有一些人把自己的家改造了一番，比如将前院或沿街的屋子改建成商铺，这样，他们在家里就可以开张做生意了！

　　在新加坡，有许多像图中这样的店铺。这些店铺的二楼就是店主和家人们的住所。店铺往往会在邻近人行道的一侧撑起凉棚，让顾客少受日晒雨淋。

铁匠铺

铁匠，就是那些靠锻造铁器谋生的人，他们可以将铁打成锄头、菜刀、门环等各种各样的生活器具。铁匠铺通常就是铁匠的家，里面有煅烧铁坯的火炉，还有打铁用的铁砧和铁锤。铁匠工作的时候，先将铁坯放

铁匠在铁砧上锤打

进大火炉中烧红烧软，然后放到铁砧上，用锤子敲打出客人需要的形状或样式，最后用冷水淬火定型。

钟楼

许多古代的城市中常常会建造一座钟楼，人们将钟挂在高高的钟楼上。这样，整座城市的人都能听到钟声。钟声可以为居民报时，还可以发出预警。敲钟人通常住在钟楼里，以便随时敲钟。

住在土楼里

在福建省的一些地区，当地的客家人生活在一种名为土楼的大型建筑中，这种建筑有圆形、半圆形、方形、五角形等很多种形状。在土楼里，许多户家庭居住在一起，整栋建筑就像一座小型村庄。土楼的防御能力很强，高高的夯土围墙环绕着内部建筑。土楼的底层和二层都没有窗户，入口处的大门包裹着结实的铁皮，并用横杠加固，因此，外敌很难攻打进来。

为什么有些土楼会建成圆形的？是因为圆楼比方楼更节省空间，更能抵御寒风？还是因为圆楼能像堡垒一样抵御来自四面八方的敌人？

祠堂位于土楼的中心区域，是敬神和祭祖的地方，四周则是人们的住处。土楼里还有商店、仓库等其他房屋。

土楼里的道路形成了
一个个圆环

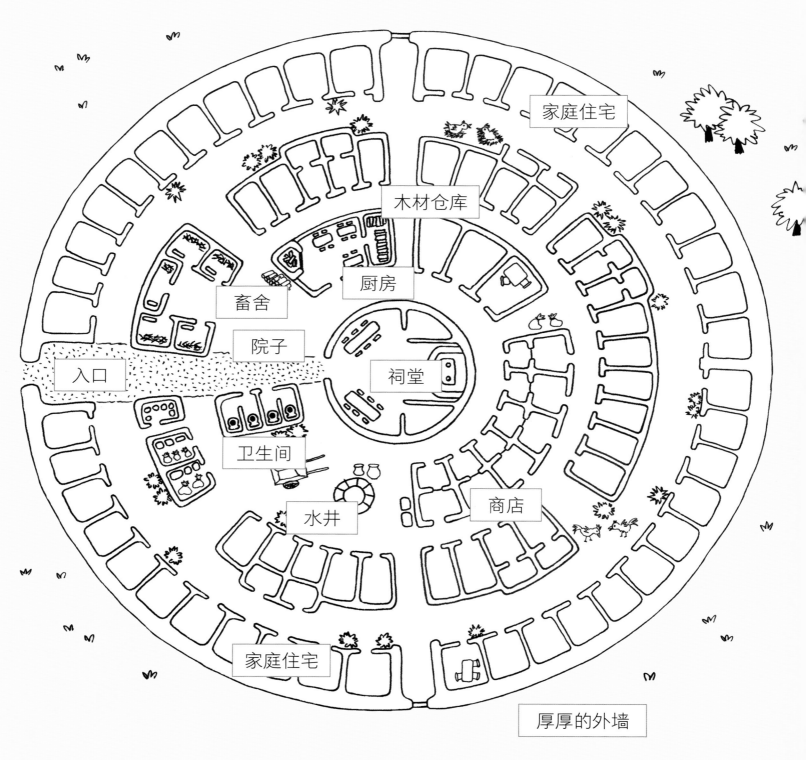

家庭住宅

木材仓库

厨房

畜舍

院子

祠堂

入口

卫生间

水井

商店

家庭住宅

厚厚的外墙

20

土楼的内部结构

　　土楼的外层建筑中有上百个小房间，站在楼上的房间向外望，可以看到土楼里的院子。

　　每户人家可以拥有两到三个房间。

　　做饭之前，人们会在院子里处理食材。

　　土楼里的人共用一个厨房。厨房里面有一个大灶，还有许多柴火。

　　院子可以用来晾衣服、晒粮食、举办活动，也是小孩子们玩耍的地方。

　　院子里还有畜舍和水井。

住在牧场里

你想住在牧场里吗？那种有许多动物和大片土地的地方？在美国和澳大利亚，一些大型牧场的面积可以达到上千平方千米，能够放牧成千上万只牛羊。

牧场里的建筑物通常都是用开垦牧场时砍伐的树木建造的。

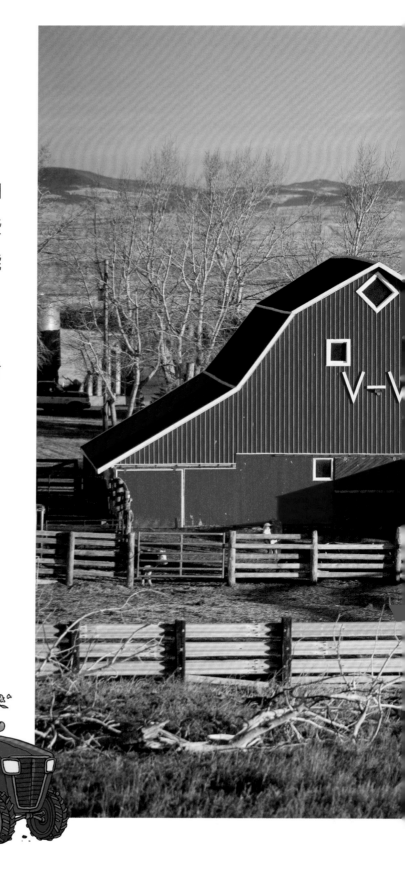

牧场里的建筑

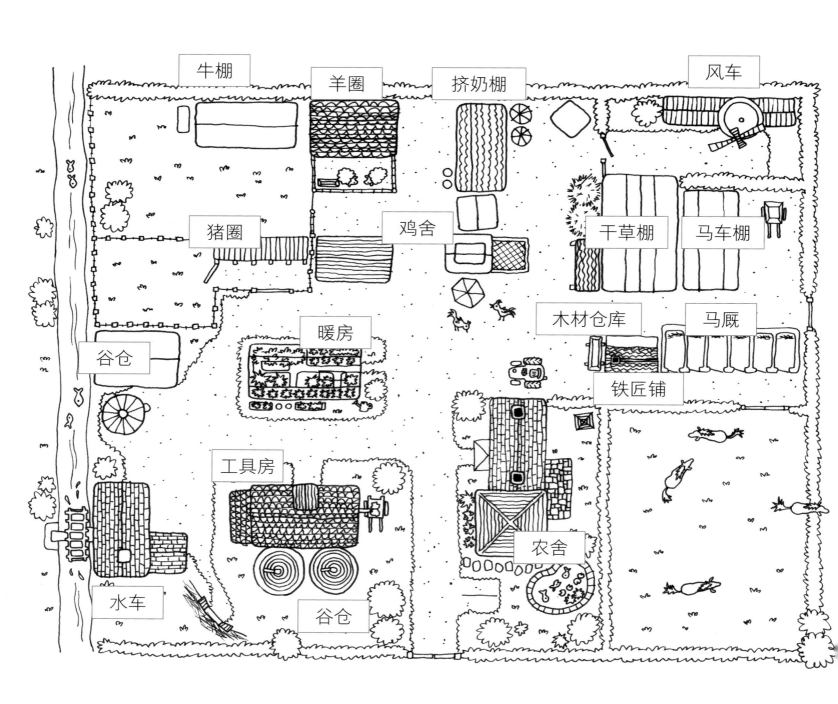

牛棚

羊圈

挤奶棚

风车

猪圈

鸡舍

干草棚

马车棚

谷仓

暖房

木材仓库

马厩

铁匠铺

工具房

农舍

水车

谷仓

在牧场，很重要的一点是，畜养的每种动物都要有合适的畜舍或禽舍，以及充足的活动空间。

畜舍和禽舍都需要保持干燥。

农业机械和工具需要妥善保管，并保持干燥。

谷物和木材也不能受潮。

每天，产奶的动物都要在干净的场所里，由挤奶工挤奶。

住在太空里

欢迎来到国际空间站！对宇航员们来说，这里既是家，也是工作的地方。最多时，曾经有9名宇航员同时住在国际空间站里。他们每天要工作14个小时，还要锻炼身体、吃饭和睡觉。当然，这一切都是在失重状态中进行的。想象一下，你飘浮着工作和生活的样子！

空间站的飞行速度非常快，它沿着轨道绕地球一圈只需要90分钟，这意味着它可以每天绕地球飞行16圈

空间站的餐厅里有微波炉和冰箱，宇航员可以和在地球上一样吃到正常的食物，比如水果、蔬菜和冰激凌！

每个宇航员都有一个私人房间。当然，在失重环境中，宇航员只能把自己绑在床上睡觉，这样才不会飘走。

在空间站里，宇航员们可以穿正常的衣服，不过，当他们要执行太空行走任务时，就得穿上特制的宇航服了。这种宇航服经过特殊加压处理，能够防止宇航员被太空中的微小碎片击伤，或被强烈的紫外线灼伤。

保持运动很重要，因为失重环境会对人的肌肉和骨骼产生不利影响。所以宇航员必须每天在各种运动设备上锻炼大约两个小时。

在空间站，像刷牙这样简单的工作都会成为挑战。因为水不会慢慢地流走，而是会成为飘浮的泡泡！宇航员使用一根软管排出的水来洗澡和洗头，再用另一根软管吸走脏水。

《古代建筑奇迹》

高耸的希巴姆泥塔、神秘的马丘比丘、粉红色的"玫瑰之城"佩特拉、被火山灰"保存"下来的庞贝古城……

一起走进古代人用双手建造的奇迹之城，感受古代建筑师高明巧妙的设计智慧！

你将了解： 棋盘式布局　选址要素　古代建筑技术

《冒险者的家》

你有没有想过把房子建到树上去？

或者，体验一下住在大篷车里、帐篷里、船屋里、冰雪小屋里的感觉？

你知道吗？世界上真的有人在过着这样的生活。他们既是勇敢的冒险者，也是聪明的建筑师！

你将了解： 天然建筑材料　蒙古包的结构　吉卜赛人的空间利用法

《童话小屋》

莴苣姑娘被巫婆关在哪里？塔楼上！

三只小猪分别选择了哪种建筑材料来盖房子？稻草、木头和砖头！

用彩色石头和白色油漆，就可以打造一座糖果屋！

建筑师眼中的童话世界，真的和我们眼中的不一样！

你将了解： 建筑结构　楼层平面图　比例尺

《绿色环保住宅》

每年都会有上亿只旧轮胎报废，它们其实是上好的建筑材料！

再生纸可以直接喷在墙上给房子保暖！

建筑师们向太阳借光，设计了向日葵房屋；种植草皮给房顶和墙壁裹上保暖隔热的"帽子"、"围巾"……

你将了解： 再生材料　太阳能建筑　隔热材料

《高高的塔楼》

你喜欢住在高高的房子里吗？

建筑师们是怎么把楼房建到几十层高的？

在这本书里，你将认识各种各样的建筑，还会看到它们深埋地下的地基。你知道吗？建筑师们为了把比萨斜塔稍微扶正一点儿，可是伤透了脑筋！

你将了解： 楼层　地基和桩　铅垂线

《住在工作坊》

在工作的地方，有些人安置了自己小小的家，这样，他们就不用出门去上班了！

在这本书中，建筑师将带你走入风车磨坊、潜艇、灯塔、商铺、钟楼、土楼、牧场和宇宙空间站，看看那里的工作者们如何安家。

你将了解： 风车　灯塔发光设备　建筑平面图

《新奇的未来建筑》

关于未来，建筑师们可是有许多奇妙的点子！

立体方块房屋、多边形房屋、未来城市社区、海洋大厦……这些新奇独特的设计，或许不久就能变成现实了！

那么，未来的你又想住在什么样的房子里呢？

你将了解： 新型技术　空间利用　新型材料

《动物建筑师》

一起来拜访世界知名建筑师织巢鸟先生、河狸一家、白蚁一家和灵巧的蜜蜂、蜘蛛吧！它们将展示自己的独门建筑妙招、天生的建筑本领和巧妙的建筑工具。没想到吧，动物们的家竟然这么高级！

你将了解： 巢穴　水道　蛛网　形状

《长城与城楼》

万里长城是怎样建成的？

城门洞里和城墙顶上藏着什么秘密机关？

为了建造固若金汤的城池，中国古代的建筑师们做了哪些独特的设计？

你将了解： 箭楼　瓮城　敌台　护城河

《宫殿与庙宇》

来和建筑师一起探秘中国古代的园林和宫殿建筑群！

在这里，你将认识中国园林、宫殿和佛寺建筑的典范，了解精巧的木制斗拱结构，还能和建筑师一起来设计宝塔。赶快出发吧！

你将了解： 园林规则　斗拱　塔

出品　中信儿童书店
图书策划　火麒麟

策划编辑　范萍　张旭
执行策划编辑　张平
责任编辑　邹绍荣
营销编辑　曹灵
装帧设计　垠子
内文排版　素彼文化

出版发行　中信出版集团股份有限公司
服务热线：400-600-8099　网上订购：zxcbs.tmall.com
官方微博：weibo.com/citicpub　官方微信：中信出版集团
官方网站：www.press.citic